Aynalem Worku Abera

Rega do gado com energia solar

Aynalem Worku Abera

Rega do gado com energia solar

ScienciaScripts

Imprint
Any brand names and product names mentioned in this book are subject to trademark, brand or patent protection and are trademarks or registered trademarks of their respective holders. The use of brand names, product names, common names, trade names, product descriptions etc. even without a particular marking in this work is in no way to be construed to mean that such names may be regarded as unrestricted in respect of trademark and brand protection legislation and could thus be used by anyone.

Cover image: www.ingimage.com

This book is a translation from the original published under ISBN 978-620-2-31170-0.

Publisher:
Sciencia Scripts
is a trademark of
Dodo Books Indian Ocean Ltd. and OmniScriptum S.R.L publishing group

120 High Road, East Finchley, London, N2 9ED, United Kingdom
Str. Armeneasca 28/1, office 1, Chisinau MD-2012, Republic of Moldova, Europe
Managing Directors: Ieva Konstantinova, Victoria Ursu
info@omniscriptum.com

Printed at: see last page
ISBN: 978-620-8-38604-7

Resumo

Tradicionalmente, o gado tem sido levado para o pasto e autorizado a caminhar e beber de qualquer charco, riacho, rio, lago ou poço. Os produtores de gado e outros utilizadores de água reconhecem cada vez mais que permitir o acesso direto do gado às fontes de água de superfície é uma preocupação devido aos impactos na qualidade da água e aos efeitos prejudiciais para o próprio gado.

O principal objetivo deste projeto é proporcionar um abastecimento seguro e fiável de água de boa qualidade para o gado, reduzindo simultaneamente os impactos negativos sobre a qualidade da água e o ambiente em geral, e para melhorar a gestão dos campos, é muitas vezes necessário transportar a água da fonte para um local remoto. No entanto, a disponibilidade de fontes de energia em campo aberto é muitas vezes limitada, pelo que é necessária uma forma alternativa de energia para o transporte de água. Uma opção de transporte de água disponível para os produtores é uma bomba fotovoltaica ou alimentada por energia solar.

Métodos de Análise de Dados Os dados quantitativos e qualitativos relevantes foram recolhidos usando os vários métodos e instrumentos de modo a obter uma imagem completa da situação em estudo. Todos os dados quantitativos dos pastores, dos questionários administrativos da zona e dos questionários dos informadores-chave/grupos de foco e a informação qualitativa foram extraídos manualmente e analisados por categorização, classificação e técnicas de resumo usando MS Excel, MATLAB e Solid Works. Os resultados foram depois sistematicamente organizados, resumidos e apresentados sob a forma de tabelas e figuras, conforme apropriado.

Finalmente, considerando oito animais domésticos diferentes, o total de água para o gado por dia é de ***473,04*** $\boldsymbol{m^3}$ */dia. Por conseguinte, para extrair esta quantidade de água, são necessários* ***18,4 kWh/dia*** *de energia utilizando o sistema solar fotovoltaico.*

Palavras-chave: gado, fotovoltaico, energia solar

RECONHECIMENTO

Gostaria de expressar a minha gratidão a todas as pessoas que, direta ou indiretamente, contribuíram com os seus esforços para a realização deste livro.

Gostaria, em particular, de estender os meus sinceros agradecimentos e apreço ao Dr. Mulwork Kahsay, pela sua disponibilidade, dedicação do seu precioso tempo, valiosas sugestões, comentários e orientação sistemática para melhorar o conteúdo deste livro. Ele também merece a minha maior gratidão pelo seu encorajamento, respostas atempadas e cooperação em materiais relevantes. .

Estou em dívida para com o Gabinete de Desenvolvimento Rural e Agrícola de Merawi e o membro do Gabinete de Merawi woreda por me terem fornecido todos os dados relevantes da aldeia de Ynesa. Todos os enumeradores são também reconhecidos pelos seus esforços para obter informações fiáveis na altura de entrevistar o cozinheiro principal e o trabalhador. Gostaria de estender o meu agradecimento a todos os indivíduos entrevistados por me terem dado tempo e permissão para a entrevista.

Um agradecimento especial a todos os membros da minha família e ao meu pai *Guerra Ettore,* pela sua iniciação, encorajamento moral e apoio financeiro.

Por último, mas não menos importante, louvei a Deus por me ter dado força, coragem e saúde para terminar o meu livro.

Conteúdo

Capítulo 1

1.1 Introdução:

Tradicionalmente, o gado tem sido levado para o pasto e autorizado a caminhar e beber de qualquer charco, riacho, rio, lago ou poço. Os produtores de gado e outros utilizadores de água reconhecem cada vez mais que permitir o acesso direto do gado às fontes de água de superfície é uma preocupação devido aos impactos na qualidade da água e aos efeitos prejudiciais para o próprio gado. Os produtores de gado também reconhecem que a gestão das pastagens é frequentemente limitada pela distribuição das fontes naturais de água.

Para fornecer um abastecimento seguro e fiável de água de boa qualidade ao gado, reduzindo simultaneamente os impactos negativos na qualidade da água e no ambiente em geral, e para melhorar a gestão dos campos, é muitas vezes necessário transportar a água da fonte para um local remoto. No entanto, a disponibilidade de fontes de energia em campo aberto é frequentemente limitada, pelo que é necessária uma forma alternativa de energia para o transporte de água. Uma opção de transporte de água disponível para os produtores é uma bomba fotovoltaica ou alimentada por energia solar. [9]

Permitir o acesso direto do gado às fontes de água de superfície conduziu a um problema que não é reconhecido pelas pessoas no domínio do ambiente, da saúde dos rebanhos e da utilização das pastagens, o que se destina a afetar gradualmente os locais.

1.2 Organizaçao

Este documento aborda principalmente o tema da energia solar para rega do gado, subdividido em capítulos. Estes capítulos estão organizados da seguinte forma;

- **O primeiro capítulo** aborda a introdução do documento que, como se pode ver no capítulo anterior,
- **O capítulo dois** aborda a visão geral da bombagem solar de água,
- **O capítulo três** aborda **a configuração do sistema de rega solar selecionado,**
- **O capítulo quatro** aborda a análise da carga de energia consumida e a seleção da bomba de água solar em função da carga e do custo da energia. E finalmente,
- **O quinto capítulo** aborda as conclusões e recomendações do documento.

Capítulo 2

2. Vista geral do sistema solar de rega do gado

Um bebedouro de gado alimentado por energia solar é uma bomba normal com um motor elétrico. A eletricidade para o motor é gerada no local através de um painel solar que converte a energia solar em eletricidade de corrente contínua (CC). Dado que a natureza da saída eléctrica de um painel solar é DC, uma bomba alimentada por energia solar requer um motor DC para poder funcionar sem componentes eléctricos adicionais. Se uma bomba tiver um motor de corrente alternada (CA), será necessário um inversor para converter a eletricidade CC produzida pelos painéis solares em eletricidade CA. Devido à maior complexidade e custo, e à eficiência reduzida de um sistema de corrente alterna, a maioria das bombas alimentadas por energia solar tem motores de corrente contínua. Para garantir que haja sempre água em abundância para o gado, os sistemas de bombagem de água movidos a energia solar devem incorporar armazenamento suficiente para suprir as necessidades de água durante três ou quatro dias.

2.1 Como funciona um sistema de bombagem de água solar

2.1.1 Painéis fotovoltaicos

Um sistema de bombagem de água alimentado por energia solar é constituído por dois componentes básicos. O primeiro componente é a fonte de alimentação, constituída por painéis fotovoltaicos (PV). O elemento mais pequeno de um painel fotovoltaico é a célula solar. Cada célula solar tem duas ou mais camadas especialmente preparadas de material semicondutor que produzem eletricidade em corrente contínua (CC) quando expostas à luz. Esta corrente contínua é recolhida pela cablagem do painel. É então fornecida a uma bomba de corrente contínua, que por sua vez bombeia água sempre que o sol brilha, ou armazenada em baterias para ser utilizada mais tarde pela bomba. Os fabricantes avaliam normalmente a tensão (volts) e a corrente (amperes) de saída dos painéis fotovoltaicos em condições de potência de pico. A potência de pico (watts=volts x amperes) é a potência máxima disponível no painel FV a uma irradiação solar de 1000 W/m (quantidade de luz solar) e a uma temperatura especificada, normalmente 25° C (77° F). A saída típica de um painel FV de 60 watts é apresentada na Tabela 1. A quantidade de corrente contínua produzida por um painel fotovoltaico é muito mais sensível à intensidade da luz que incide sobre o painel do que a tensão gerada. Grosso modo, se reduzir para metade a intensidade da luz, reduz para metade a saída de corrente DC, mas a saída de tensão é reduzida apenas ligeiramente.

Tabela 1 Saída típica de um painel fotovoltaico de 60 watts e 12 volts

Maximum Power	60 Watts
Maximum Power Voltage	16.9 Volts
Maximum Power Current	3.55 Amps

Os painéis fotovoltaicos individuais podem ser ligados em série ou em paralelo para obter a tensão ou corrente necessárias para fazer funcionar a bomba. A tensão de saída dos painéis ligados em série é a soma de todas as tensões dos painéis.

2.1.2 Bombas de água solares (DC)

O outro componente principal destes sistemas é a bomba. As bombas de água solares são especialmente concebidas para utilizar a energia solar de forma eficiente. As bombas convencionais requerem uma corrente alternada constante fornecida por linhas de eletricidade ou geradores. As bombas solares utilizam a corrente contínua das baterias e/ou dos painéis fotovoltaicos. Além disso, são concebidas para funcionarem eficazmente em condições de pouca luz, com uma tensão reduzida, sem parar ou sobreaquecer.

Embora esteja disponível uma vasta gama de tamanhos, a maioria das bombas utilizadas em aplicações de rega de gado são de baixo volume, produzindo 7,57 a 15,14 litros de água por minuto. A bombagem de baixo volume mantém o custo do sistema baixo, utilizando um número mínimo de painéis solares e usando todo o período de luz do dia para bombear água ou carregar baterias. Algumas bombas solares são totalmente submersíveis, enquanto outras não o são. A utilização de bombas submersíveis elimina potenciais problemas de escorvamento e congelamento. A maioria das bombas de água solares são concebidas para utilizar a energia solar de forma mais eficiente e funcionam com 12 a 36 volts DC.

Muitos sistemas de bombagem solar utilizam bombas de deslocamento positivo que selam a água em cavidades no interior da bomba e a forçam a subir. A sua conceção permite-lhes manter a sua capacidade de elevação durante todo o dia solar às velocidades lentas e variáveis que resultam das diferentes condições de luz. As bombas de deslocamento positivo incluem bombas de pistão e de macaco, bombas de diafragma, de palhetas e de parafuso. As bombas do tipo centrífugo que transmitem energia à água através de um impulsor rotativo são normalmente utilizadas em sistemas de baixa elevação ou de grande volume.

As bombas centrífugas arrancam gradualmente e o seu caudal aumenta com a quantidade de corrente. Por esta razão, podem ser ligadas diretamente ao painel fotovoltaico sem incluir uma bateria ou controlos. No entanto, uma vez que o seu caudal diminui a velocidades reduzidas, é necessária uma boa combinação entre a bomba e o gerador fotovoltaico para obter um funcionamento eficiente.

As bombas, devido à sua natureza mecânica, têm certas propriedades de funcionamento bem definidas. Estas propriedades variam consoante os tipos de bombas, os fabricantes e os modelos. A quantidade de água que um sistema de bombagem solar fornecerá durante um determinado período de tempo (normalmente medida em galões por minuto (GPM) ou galões por hora (GPH)) depende da pressão contra a qual a bomba tem de trabalhar. A pressão do sistema é largamente determinada pela distância vertical total de bombagem (a distância vertical entre a fonte de água e o tanque de rega), designada simplesmente por altura de elevação. É aproximadamente igual a um aumento de 1 PSI (libra por polegada quadrada) por cada 0,705 m (2,31 pés) de altura de elevação. Por outras palavras, à medida que a distância vertical de bombagem aumenta, a quantidade de água bombeada num determinado período de tempo diminui. Quando as perdas por fricção do sistema e os requisitos de pressão de descarga (se existirem) são adicionados à altura manométrica, é possível determinar a altura manométrica total do sistema. Os fabricantes de bombas publicam informações que descrevem o desempenho de cada bomba em diferentes condições de funcionamento.

Capítulo 3

3 Configuração do sistema

3.1 Mecanismos do sistema de bombagem de água com energia solar

Existem dois tipos básicos de sistemas de bombagem de água alimentados a energia solar: acoplados a baterias e acoplados diretamente. É necessário ter em conta uma série de factores para determinar o sistema ideal para uma determinada aplicação.

3.1.1 Sistemas de bombagem solar acoplados a baterias

Os sistemas de bombagem de água acoplados a baterias consistem em painéis fotovoltaicos (PV), regulador de controlo de carga, baterias, controlador da bomba, interrutor de pressão e tanque e bomba de água DC (Figura 1). A corrente eléctrica produzida pelos painéis fotovoltaicos durante as horas de luz do dia carrega as baterias e estas, por sua vez, fornecem energia à bomba sempre que é necessária água. A utilização de baterias prolonga a bombagem durante um período de tempo mais longo, fornecendo uma tensão de funcionamento constante ao motor de corrente contínua da bomba. Assim, durante a noite e em períodos de pouca luz, o sistema ainda pode fornecer uma fonte constante de água para o gado.

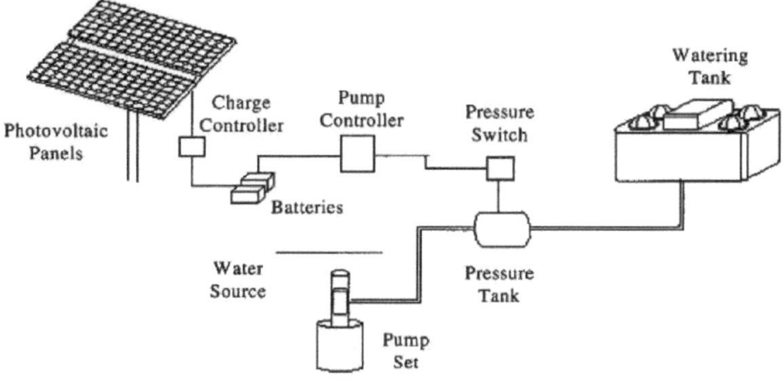

Figura 1 Sistema de bombagem de água solar acoplado a uma bateria.

A utilização de baterias tem os seus inconvenientes. Em primeiro lugar, as baterias podem reduzir a eficiência do sistema global porque a tensão de funcionamento é ditada pelas baterias e não pelos painéis fotovoltaicos. Dependendo da temperatura e do grau de carga das baterias, a tensão fornecida pelas baterias pode ser de um a quatro volts inferior à tensão produzida pelos painéis em condições de luz solar máxima. Esta eficiência reduzida pode ser minimizada com a utilização de um controlador de bomba adequado que aumente a tensão da bateria fornecida à bomba

3.1.1.1 Componentes do sistema Acoplado à bateria

Controlador da bomba: A principal função de um controlador de bomba num sistema de bombagem acoplado a bateria é aumentar a tensão do banco de baterias para corresponder à tensão de entrada desejada da bomba. **Sem um controlador de bomba, a tensão de funcionamento dos painéis fotovoltaicos é ditada pelo banco de baterias e** é reduzida em relação aos níveis que são alcançados com o funcionamento da bomba diretamente a partir dos painéis solares. Por exemplo, sob carga, dois painéis fotovoltaicos ligados em série produzem entre 30 e 34 volts, enquanto duas baterias totalmente carregadas ligadas em série produzem pouco mais de 26 volts. Uma bomba com uma tensão de funcionamento óptima de 30 volts bombearia mais água ligada diretamente aos painéis fotovoltaicos do que se estivesse ligada às baterias. No caso desta bomba em particular, um controlador de bomba com uma entrada de 24 volts aumentaria a tensão para 30 volts, o que aumentaria a quantidade de água bombeada pelo sistema.

Reguladores de controlo de carga: Os painéis solares que estão ligados diretamente a um conjunto de baterias podem produzir níveis de tensão suficientes para sobrecarregar as baterias. Deve ser instalado um regulador de controlo de carga entre os painéis e as baterias para evitar o carregamento excessivo. Os controladores de carga permitem que a corrente total produzida pelos painéis fotovoltaicos flua para as baterias até estas estarem quase totalmente carregadas. O controlador de carga reduz então a corrente, que carrega a bateria até estar completamente carregada. O regulador instalado deve ser classificado para a tensão apropriada do sistema (ou seja, 12 volts, 24 volts, etc.) e para o número máximo de amperes que os painéis solares podem produzir. O regulador deve ser instalado perto das baterias, de acordo com as **instruções do fabricante. Normalmente, são necessárias apenas quatro ligações: os terminais "POS" e "NEG" do painel fotovoltaico e os terminais "POS" e "NEG" da bateria. Além da** proteção contra sobrecarga, é necessário um controlo de baixa tensão ou do estado de carga da bateria para evitar danos por descarga profunda nas baterias. O relé de baixa tensão actua como um interrutor automático para desligar a bomba antes de a tensão da bateria ficar demasiado baixa. O relé é ativado e comuta quando a tensão da bateria desce para o limiar de "baixa tensão" e é desativado e comutado de novo quando a tensão da bateria sobe para o limiar de "reconexão". A maioria dos fornecedores de equipamento fotovoltaico oferece um regulador de controlo de carga que combina a proteção contra sobrecarga e a desconexão de baixa tensão para proteger as baterias.

Baterias: As baterias mais comuns utilizadas em sistemas fotovoltaicos autónomos são as baterias de chumbo-ácido. A conhecida bateria marítima de ciclo profundo é um bom exemplo. São recarregáveis, de fácil manutenção, relativamente baratas, disponíveis numa variedade de tamanhos e a maioria suporta descargas diárias de até 80% da sua capacidade nominal.

Um novo tipo de bateria de chumbo-ácido "célula de gel" utiliza um aditivo que transforma o eletrólito num gel não derramável. Estas baterias podem ser montadas de lado ou mesmo de cabeça para baixo, se necessário, porque são seladas. Outro tipo de bateria que utiliza placas de níquel-cádmio (NiCd) pode ser utilizado em sistemas fotovoltaicos. O seu custo inicial é muito superior ao das baterias de chumbo-ácido, mas para algumas aplicações o custo do ciclo de vida pode ser inferior. Algumas das vantagens das baterias de NiCd incluem a sua longa esperança de vida, baixos requisitos de manutenção e a sua capacidade de resistir a condições extremas. Além disso, a bateria de NiCd é mais tolerante a uma descarga completa. É importante escolher uma bateria de qualidade com uma capacidade de armazenamento mínima de 100 amperes-hora.

Os bancos de baterias são frequentemente utilizados em sistemas fotovoltaicos. Estes bancos são configurados ligando baterias individuais em série ou em paralelo para obter a tensão ou corrente de funcionamento desejada. A tensão obtida numa ligação em série é a soma das tensões de todas as baterias, enquanto a corrente (amperes) obtida em baterias ligadas em série é igual à da bateria mais pequena. Por exemplo, duas baterias de 12 volts ligadas em série produzem a tensão equivalente a uma bateria de 24 volts com a mesma quantidade de corrente (amperes) de saída que uma única bateria. Ao ligar as baterias em paralelo, a corrente (amperes) é a soma das correntes (amperes) de todas as baterias e a tensão permanece a mesma que a de uma única bateria.

3.1.2 Sistemas de bombagem solar de acoplamento direto

Nos sistemas de bombagem de acoplamento direto, a eletricidade dos módulos fotovoltaicos é enviada diretamente para a bomba, que por sua vez bombeia a água através de um tubo para onde é necessária (Figura 2). Este sistema foi concebido para bombear água apenas durante o dia. A quantidade de água bombeada depende totalmente da quantidade de luz solar que atinge os painéis fotovoltaicos e do tipo de bomba. Uma vez que a intensidade do sol e o ângulo em que atinge o painel fotovoltaico mudam ao longo do dia, a quantidade de água bombeada por este sistema também muda ao longo do dia.

Por exemplo, durante os períodos óptimos de luz solar (do final da manhã ao final da tarde em dias de sol forte), a bomba funciona com uma eficiência de 100% ou perto disso, com um fluxo de água máximo. No entanto, durante o início da manhã e o final da tarde, a eficiência da bomba pode cair até 25 por cento ou mais nestas condições de pouca luz. Durante os dias nublados, a eficiência da bomba cairá ainda mais. Para compensar estes caudais variáveis, é necessária uma boa combinação entre a bomba e o(s) módulo(s) fotovoltaico(s) para conseguir um funcionamento eficiente do sistema.

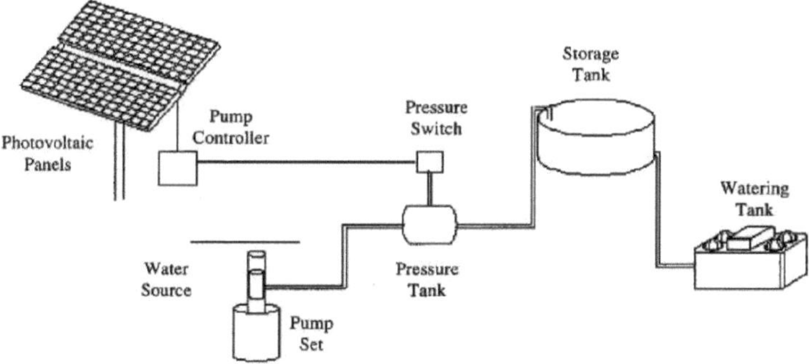

Figura 2 Sistema de bombagem solar de acoplamento direto

Os sistemas de bombagem de acoplamento direto são dimensionados para armazenar água extra em dias de sol, para que esteja disponível em dias nublados e à noite. A água pode ser armazenada num tanque de rega maior do que o necessário ou num tanque de armazenamento separado e depois alimentada por gravidade para tanques de rega mais pequenos. A capacidade de armazenamento de água é **importante neste sistema de bombagem. Podem ser necessários dois a cinco dias de armazenamento, dependendo do** clima e **do** padrão de utilização da água.

O armazenamento de água em tanques tem as suas desvantagens. Podem ocorrer perdas consideráveis por evaporação se a água for armazenada em tanques abertos, enquanto os tanques fechados suficientemente grandes para armazenar vários dias de abastecimento de água podem ser caros. Além disso, a água no tanque de armazenamento pode congelar durante o tempo frio.

3.1.2.1 Componentes do sistema Acoplado diretamente

Como observamos na figura 2 acima, os componentes do sistema de acoplamento direto são apresentados da seguinte forma

≥ Controladores de potência

> Interruptor de pressão

> Reservatório de pressão

> Depósito de armazenamento

> Tanque de rega ou tanque de rega

Capítulo 4

4 Cálculo da carga

4.1 Seleção do local

Selecionei uma aldeia, Yinesa, que se encontra nas proximidades da cidade de Bahirdar e tem uma localização geográfica idêntica à da cidade de Bahirdar, com uma latitude 11°36N 37°23'E. O sol tem uma média diária de cerca de 8 horas durante os dez meses do ano. A temperatura diurna que varia entre 14^0 e 26^0 C é benigna (favorável) para o funcionamento do sistema fotovoltaico autónomo, onde a irradiação solar média é de 5,26 KWh/m^2 . Devido a esta rica irradiação solar e à temperatura ambiente amena, o sistema fotovoltaico autónomo é considerado como uma das aplicações mais promissoras da fonte de energia renovável para fornecer energia. Estes dados podem ser encontrados num ficheiro de dados de um ano meteorológico típico (TMY) para o local que se assume ser a cidade de Bahirdar.

Determinar a localização do painel

A distância da Terra ao Sol e a inclinação da Terra afectam a quantidade de energia solar disponível. No hemisfério norte, onde o sol está predominantemente no céu do sul, os colectores solares ou módulos fotovoltaicos devem apontar para o céu do sul para recolher a energia solar.

A latitude do local (a distância a norte ou a sul do equador terrestre) determina se o Sol parece deslocar-se no céu a norte ou a sul. Neste caso, quando vemos a cidade de Bahirdar, situada a uma latitude de 11°36'N, o Sol parece deslocar-se no céu a sul.

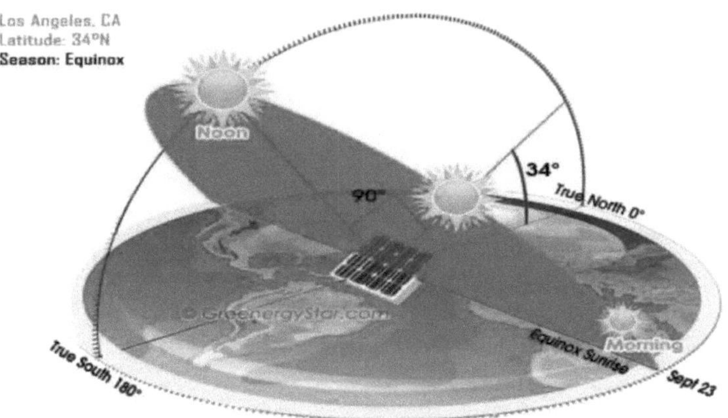

Figura 3 a trajetória do sol para conhecer a face do módulo FV

Ângulo de inclinação: a altura do sol acima do horizonte é chamada altitude, que é medida em graus acima do horizonte. A latitude de um local determina a altura a que o Sol aparece acima do horizonte ao meio-dia solar ao longo do ano. Uma superfície perpendicular (ângulo de 90° em relação ao raio de sol) é a que recebe mais luz solar por metro quadrado. Isto significa que o ângulo de inclinação é igual à latitude em que a luz solar faz 90° com o módulo.

4.2 Consumo de água desta aldeia selecionada

Quadro 2 Consumo diário típico de água dos animais de criação da aldeia de Yenesa

Animal	Consumption (L)per animal and day	Total animals	Total consumption (L) 10^3 per day
cows	66	2495	164.67
bulls	72	2761	198.8
Heifers	32	1017	32.54
Steers	29	865	25.1
sheep	10	588	5.88
Goats	10	1395	13.95
Mules	50	37	1.85
donkeys	50	605	30.25

(*Quadro preparado por Paul Q. Guyer, Universidade do Nebraska, G77-372-A e N. Argaw R. Foster e A. Ellis New Mexico State University Las Cruces, New Mexico*)

O total de água necessário por dia será a soma do consumo total individual dos animais, ou seja

$$\mathbf{473.04 \ X \ 10^3 \ L/day}$$

4.2.1 Dimensionamento do sistema fotovoltaico

Cálculo da carga de bombagem de água; a taxa de bombagem (L/hora) pode ser dada como

Taxa de bombagem (L/hora) = água necessária por dia / fator de tempo de bombagem X PSH

A bomba, num sistema de acionamento direto, o fator de tempo de bombagem deve ser de 1,2, o que tem em conta o importante desempenho da bomba que estes dispositivos alcançam (Dunlop, 1988)

O PSH refere-se ao número de horas por dia em que o sol brilha à taxa de 1000 watts por metro quadrado (insolação solar). E o valor é 5,26 h/dia

$$\text{Pumping rate} = \frac{473.04 \times 10^3}{1.2 \times 5.26} = 74943 \, L/_{hour}$$

Cálculo da energia da matriz (Wh/dia); em primeiro lugar, calculamos a energia hidráulica da seguinte forma;

Energia hidráulica (wh/dia) = água necessária por dia X TDH / 367

Em que TDH é a altura manométrica dinâmica total, que é a soma da altura manométrica estática, do rebaixamento e da altura manométrica equivalente causada por perdas por atrito na tubagem.

367, é o fator de conversão.

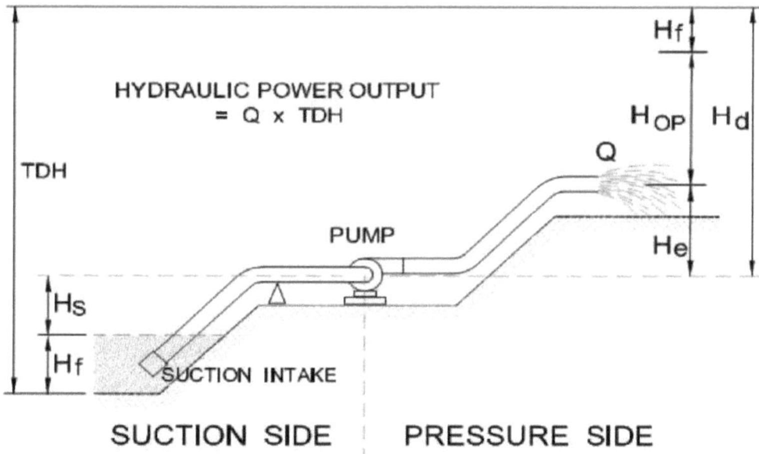

Figura 4 Termos da bomba que descrevem a sucção, a altura manométrica e a potência

Também conhecida como Cabeça Dinâmica Total (TDH), é o total (em m) de:

> **lado de aspiração da bomba** - elevação e fricção

- Hs (elevação - distância da água ao centro da bomba) + Hf (atrito)

> **lado da pressão da bomba** - elevação, fricção e pressão de funcionamento = Hd (altura de descarga) - Altura de descarga (He) - elevação desde a bomba até ao ponto mais alto do sistema.

- Cabeça de fricção (Hf) - A perda total por fricção de todos os acessórios de descarga e tubagem.

- Cabeça de pressão (Hop) - A pressão de funcionamento necessária no sistema.

E totalmente o valor é 8m da geometria.

Por conseguinte, Energia hidráulica (**wh/dia**) = (473040 X 8) / 367 =

10311,5 wh/dia A energia da matriz é então dada como

E_{array}= Energia hidráulica / eff do sistema de bombagem

A maioria dos motores funciona com uma eficiência próxima dos 85%. Um motor com 85% de eficiência a rodar uma bomba com 66% de eficiência, dá-lhe uma eficiência real de 0,85 x 0,66 = 0,56 ou 56% de eficiência.

E_{array}=10311.5 / 0.56 = **18413.4 wh/dia** ou **18.4kwh/dia**

A tensão nominal do sistema é normalmente determinada pelo tamanho do sistema. A maioria das bombas de água solares são concebidas para utilizar a energia solar de forma mais eficiente e funcionam com 12 a 36 volts DC.

Selecionando a tensão nominal de 36V, podemos conhecer a carga em amperes-hora, ou seja, **511,5**

Ah/dia.

Quanto à corrente de projeto e o valor mais baixo de irradiação da cidade de Bahirdar é de 5,26 kWh/m^2 dia, podemos obter a corrente como

I = (511,5Ah/dia X 1000w/m^2) / 5,26kWh/m^2 dia =97**,24A**

Depois, vamos selecionar um módulo de potência nominal para analisar o número de módulos. E selecciono a partir do **Solar pro** 2009 PV Module

Specifications Guide.

Quadro 3 Especificação do módulo

Model	Cell type	Rated power @ STC (W)	Rated power @ PTC (W)	Nominal operating cell temp. (°C)	Open-circuit voltage (Voc)	Short-circuit current (Isc)	Module efficiency (%)	rated power voltage (Vmp)	rated power current (Imp)
CS5A-180	Poly/Mono	180	159.9	45	44.5	5.40	14.1	36.1	4.99

Para calcular a potência final que obtemos do painel, primeiro temos de conhecer a temperatura de funcionamento para calcular a tensão de funcionamento, ou seja

Voc' = Voc + C (Ta - Tc^{C}) onde C= N*0,0023 N é o número de células. E, por conseguinte, Tc é encontrado como a seguinte expiração.

$$T_c - T_a = \frac{NOCT - 20}{0.8}, T_c = 20.5 + \frac{45 - 20}{0.8} = 51.75C^o$$

O painel nominal que selecionei acima tem 120 números de células, então a tensão corrigida será a seguinte, mas como sabemos que a temperatura ambiente média da região é de 20,5C° então; C= 120*0,0023=0,276

Voc' = 44,5 + 0,276(20,5 - 51,75$^{0.276}$) = 49,3 V

Então o FF é dado por Pm/ (Isc * Voc) = 180/ (5,4 * 44,5) = 0,75

Por conseguinte, a potência corrigida será a seguinte

Pm' = Isc * Voc' * FF = 5,4 * 49,3 * 0,75 = 199,6 watt

Mas a carga corrigida é encontrada como o múltiplo da tensão nominal com a corrente de que necessita, que encontrámos a partir da carga diária, que são expressas da seguinte forma

Carga $_{\text{corrigida}}$ = 36 * 97,24 = 3500,64 watts

Utilizando o watt corrigido (**Pm'**), vamos calcular o número do painel.

NP = Pcarga corrigida / watt corrigido (**Pm'**) = 3500,64 / 199,6 = 17,54 = 18

Primeiro, o número de módulos em série, que é igual à tensão CC do sistema dividida pela tensão nominal de cada módulo V r

NPs= (tensão CC do sistema) / (tensão nominal do módulo) =36/36,1 = 0,999=1

Finalmente, os números da cadeia de caracteres são encontrados como;

Ns paralelos = NP / NPs = 18/ 1 = **18**

4.2.2 Controladores de potência

A eficiência de um sistema de bombagem de água com acoplamento direto é sensível à correspondência entre a bomba e o sistema fotovoltaico. Os painéis fotovoltaicos produzem uma tensão relativamente constante à medida que a intensidade da luz muda ao longo do dia; no entanto, a amperagem muda drasticamente com a intensidade da luz. Durante os níveis de luz baixos, como de manhã cedo e ao fim da tarde, o painel fotovoltaico pode estar a produzir 30 volts a 1 ampère. O motor da bomba precisa de corrente para arrancar; no entanto, pode funcionar com uma tensão mais baixa. **O circuito de um controlador de bomba troca a tensão pela corrente, o que permite que a bomba arranque e funcione** com uma potência reduzida em períodos de luz solar fraca. A adaptação do desempenho do motor da bomba à luz solar disponível com um controlador corretamente dimensionado pode aumentar a quantidade de água bombeada num dia em 10 a 15 por cento.

4.2.3 Bombas

Em geral, as bombas de água de corrente contínua utilizam um terço a metade da energia das bombas convencionais de corrente alternada (AC). As bombas de corrente contínua são classificadas como de deslocamento ou centrífugas, e podem ser submersíveis ou de superfície.

As bombas de superfície, localizadas na superfície da água ou perto dela, são utilizadas principalmente para mover a água através de uma conduta. Algumas bombas de superfície podem desenvolver grandes alturas manométricas e são adequadas para movimentar água a longas distâncias ou a grandes altitudes. E selecciono a bomba de superfície de acordo com a topografia do local onde os recursos hídricos estão situados. Esta tem uma altura de 8 metros (2,44 pés), um caudal de 1249,05L/min (330 GPM) com uma tensão nominal de 36V e uma corrente de 97,24A.

Potência do motor da bomba

Ao selecionar um motor de bomba, deve ser calculada a potência necessária para alimentar a bomba de modo a fornecer o caudal e a elevação determinados. Os requisitos de potência do motor da bomba para um determinado local podem ser calculados utilizando a seguinte fórmula:

Potência (hp) = [Caudal (Q em GPM) x Elevação total (TDH em pés)] / (3960 x Eficácia da bomba)

- 3960 é uma conversão para as diferentes unidades

- A eficiência da bomba é introduzida como uma casa decimal (por exemplo, 65% é introduzido como 0,65)

- Se o rendimento da bomba não for conhecido, selecionar um valor conservador de 50%

- A potência calculada deve ser "arredondada" para um tamanho de motor padrão (por exemplo, um valor calculado de 0,8 CV deve ser arredondado para 1 CV).

Potência (hp) = (330GPM * 2,44 pés) / (3960 * 0,65) = 0,313 = 0,5 hp

Por conseguinte, o sistema necessita de um motor de bomba de 0,5 CV.

4.2.4 Cablagem

A seleção do tamanho e do tipo de fio corretos, ao ligar a bomba às baterias ou aos painéis solares, aumenta o desempenho e a fiabilidade do sistema. Se possível, mantenha o painel fotovoltaico e os conjuntos de bombas a uma distância de 30,5 m um do outro. A esta distância, um fio de calibre # 12 é suficiente para manter a perda de tensão na maioria dos sistemas de 24 volts em cerca de 3 por cento. Serão necessários fios de maior diâmetro a distâncias superiores a 100 pés para manter a perda de tensão no sistema a um mínimo. Uma queda de tensão de apenas 5 por cento traduz-se numa perda de potência de 7,5 por cento na bomba. A utilização de fio de enterramento direto (UF) simplifica a instalação, uma vez que o fio pode ser enterrado sob o tubo de água na mesma vala sem condutas.

O cabo de enterramento direto é um tipo especial de cabo concebido para ser instalado numa vala subterrânea sem a utilização de condutas à sua volta. Os fios eléctricos são envolvidos por uma bainha termoplástica que veda a humidade e protege os fios no seu interior. O cabo de enterramento direto, frequentemente designado por cabo de classificação exterior ou cabo UF (abreviatura de alimentador subterrâneo), é fornecido com um revestimento cinzento e é aprovado, quando instalado na profundidade e localização adequadas e devidamente dimensionado, para enterramento numa vala. **Dimensionamento do cabo:** uma vez que a tensão do sistema é de 36V para saber a queda de tensão, multiplicamos por 2% e adicionamos um, ou seja

(36*0,02) + 1 =1,72 portanto, a corrente selecionada não é superior a este valor calculado com o comprimento especificado do fio, se for, temos de ajustar até que seja menor. Mas a partir da folha de dados do fio não é mencionado o 36V em vez disso, eu selecciono a tensão mais elevada de 48V com 100amp uma vez que a corrente do sistema é 97.24amp com uma distância de fio de 15 metros, portanto o comprimento total é de 30 metros. Com estes dados, obtive o D-facto de 69 a partir de [5] página 33, tabela A3 e, em seguida, temos de verificar se a amperagem é maior ou menor do que 1,72 como;

30/69 = 0.435

Então, para 100 = 0,435

97.24 = x

E obtivemos 0,423, que é inferior a 1,72.

Sistemas de cablagem

- Fio do painel solar - controlador de carga.
- Fio do controlador de carga - bateria.
- Fio do regulador de carga - carrega: motor, luzes, rádio, etc

Os fios serão selecionados em função da queda de tensão máxima permitida, seguindo a fórmula seguinte:

S = (L x I)/ (58 x AV)

Onde:

- S: Secção do condutor (mm2)
- L: Comprimento total (m)
- I: Intensidade da corrente (A)

- AV: Queda de tensão (V)

Aqui está a tabela de equivalências entre S e a calibração comercial do condutor AWG, no caso de condutores de cobre

Quadro 4 Quadro de equivalências entre S e a calibração comercial

AWG	2/0	1/0	1	2	3	4	6	8	10	12	14	16	18
S (mm2)	50	39	31	25	19	15.6	13.3	8.4	5.3	3. 2	3.1	1.3	0.8

Tabela 5 Análise do fio

Localization	AV (%)	L (m)	design (A)	S (mm2)	AWG
Panel -controller	3	5x2	97.24	15.52	4
Controller-charges	3	10x2	97.24	31.05	1/0

4.2.5 Armazenamento

As baterias não são geralmente recomendadas para os sistemas de abeberamento de gado alimentados a energia solar, porque reduzem a eficiência global do sistema e aumentam a manutenção e o custo. Em vez de armazenar eletricidade em baterias, é geralmente mais simples e mais económico instalar tanques de armazenamento de água para 3 a 10 dias.

4.2.6 Sistema de distribuição de água

A bomba pode ser operada utilizando um interrutor de pressão padrão e um tanque de pressão recarregado normalmente utilizados com bombas de poços domésticos ou um interrutor de boia eletrónico. O tanque de pressão recarregado evita o ciclo contínuo de **ligar/desligar** da bomba quando o gado bebe de um tanque de rega quase cheio. Quando a válvula de boia se fecha num sistema de tanque de pressão recarregado, a bomba continua a funcionar até que o tanque de pressão seja carregado com água à pressão de descarga predefinida. Como o nível num tanque quase cheio flutua quando os animais estão a beber e a válvula de flutuador abre e fecha, a água é fornecida a partir do tanque de pressão carregado e a bomba não entra em ciclo. Quando os animais bebem o suficiente para baixar o nível de água e a válvula de flutuador permanece aberta, a carga de água do tanque de pressão é esgotada e o pressostato liga a bomba. Uma válvula de retenção colocada na linha a montante da localização do interrutor de pressão impede que a linha de água seja drenada quando a bomba não está a funcionar. Os interruptores electrónicos de boia podem ser utilizados para ligar e desligar a bomba quando o tanque de rega e/ou de armazenamento do gado está baixo ou cheio.

4.2.7 Conversor DC-DC

O conversor CC-CC é designado por processadores de potência, que são utilizados para regular as fontes de alimentação CC em aplicações de acionamento de motores CC. Geralmente, um conversor CC-CC é uma combinação de um inversor e de um retificador. Os processadores de potência de alta frequência são utilizados na conversão de energia CC-CC. Os processadores de potência consistem geralmente em mais do que uma fase de conversão de potência em que o funcionamento destas fases é instantaneamente desacoplado através da utilização de condensadores e indutores. Assim, a potência instantânea de entrada não tem de ter uma potência instantânea de saída igual. As funções dos conversores CC-CC são:

- Converter uma tensão de entrada DC numa tensão de saída DC.

- Regular a tensão de saída CC contra as variações da carga e da linha.

- Reduzir a ondulação da tensão CA na tensão de saída CC abaixo do nível necessário. - Proteger o sistema fornecido contra interferências electromagnéticas.

• Providenciar isolamento entre a fonte de entrada e a carga, quando necessário.

4.2.8 Custo

Os sistemas alimentados por energia solar têm um custo inicial relativamente elevado em comparação com as outras opções de bombagem à distância. Os sistemas solares são também frequentemente descritos como tendo custos de funcionamento e manutenção comparativamente baixos. Isto pode muito bem ser verdade. No entanto, tenha em mente que muitos componentes solares são de conceção relativamente recente, pelo que os dados de fiabilidade tendem a ser escassos. Em 2002, o custo típico de um sistema de bombagem solar de tamanho pequeno a moderado, adequado para a rega de gado, é de 2.500 a 7.500 dólares, não incluindo os custos de instalação ou de perfuração do poço. Apesar do elevado custo inicial, há situações específicas do local em que os sistemas de energia solar podem ser escolhidos apenas por razões económicas. As vantagens de custo da bombagem solar são geralmente mais fortes em situações de baixa queda e baixo volume.

Quadro 6 Descrição dos custos do painel solar

Solar Panels			
MODEL	SPECS	PRICE	$/WATT
Suntech STP-260 Crystalline	260 Watt, 7.47 Imp, 34.80 Vmp	$569.40	$2.19
Suntech STP-270 Crystalline	270 Watt, 7.71 Imp, 35.00 Vmp	$591.30	$2.19
Evergreen ES-A-205B	205 Watt, 11.15 Imp, 18.40 Vmp	$428.45	$2.09
Canadian Solar CS6P-215-P	215 Watt, 7.65 Imp, 29.40 Vmp	$427.85	$1.99
Canadian Solar CS6P-215-PE	215 Watt, 7.40 Imp, 29.00 Vmp	$427.85	$1.99
Canadian Solar CS6P-220-P	220 Watt, 7.53 Imp, 29.20 Vmp	$437.80	$1.99
Canadian Solar CS6P-220-PE	220 Watt, 7.53 Imp, 29.20 Vmp	$437.80	$1.99
Canadian Solar CS6P-225-PE	225 Watt, 7.65 Imp, 29.40 Vmp	$447.75	$1.99

De acordo com os preços do website http://sunelec.com/ apresentados na tabela 6 acima, o preço do módulo do modelo canadiano por watt tem o mesmo preço que é dado como 1,99 $/watt. E, uma vez que selecciono e desenho a partir desta empresa com o módulo CS5A-180 com o módulo total de 18, então o custo do módulo fotovoltaico total é;

Custo = 1,99$/watt * 199,6watt * 18 = **7149,7 $** que é 116897,14 ETB

Análise do custo da bomba de água solar

Necessidade diária de água M3/d 473,04

Necessidade diária de água L/s 20,8 bomba a funcionar durante 5,26 horas de sol de pico

Radiação média diária (kWh/m2/dia) = 5,26 Radiação solar média anual nacional (estimativa da NASA)

Energia diária Solar Elect. Solar (kWh/dia) = 18,4

Tamanho do módulo necessário (kWp) = 3,5

Custo do módulo por Wp (ETB/Wp) = 32,53

Custo económico dos módulos (ETB/Wp) = 47

Quadro 7 Análise de custos

Financial Cost Analysis	
Capital Cost	
Cost of PV Module (ETB)	116897.14
Cost of DC solar pump (ETB) (DC pump with switch and regulator - no need for inverter)	24000
Cost of Pipe and reservoir(ETB)	17000
Installation and transport (ETB) (this includes training as well)	10000
Cost of module support frame (assuming ETB100 per m2 area of module)	3400
Contingency 5%	8564.85
Total system cost (ETB)	179861.9
Annual Costs	
O&M (As there is no much work on operation)	1800

Custo económico

Custo do sistema (ETB) = 213933,3

Contingência 5% (ETB) = 10696.66

Custo total do sistema (ETB) = 224630

Capítulo 5

5 Conclusão e recomendação

5.1 Conclusão

De um modo geral, a visão geral deste sistema de abeberamento do gado ia ser realizada com base na aldeia rural de Yenesa, em Amhara, que fica perto de Bahirdar, e todos os dados de radiação solar são baseados na cidade de Bahirdar. Além disso, uma vez que a água para o gado provém do caudal do rio. A consistência da água não é pura e provoca a degradação do solo. Por conseguinte, devido a estas e outras razões, vamos utilizar a rega solar para o gado.

5.2 Recomendação

Uma vez que os dados mais valiosos de radiação solar e temperatura ambiente dessa aldeia não são facilmente encontrados a partir de dados metrológicos. Por conseguinte, foi utilizada a cidade de Bahirdar, que se encontra perto da aldeia. Mas isto afecta o resultado da energia solar. Recomenda-se que o governo ou algumas ONG procedam à recolha de todos os dados relativos a cada aldeia da Etiópia, a fim de obter um resultado eficaz e perfeito para aqueles que propõem projectos.

Referência

[1] Lance Brown: ***Utilização de energia solar para bombear a água para o gado***: Engineering Technologist Kamloops Office, 1767 Angus Campbell Road.

[2] Seleshi Bekele Awulachew (IWMI), Philippe Lemperiere (IWMI) e Taffa Tulu, ***Módulo 4***, ***Bombas para irrigação em pequena escala*** (Universidade de Adama), janeiro de 2009, pp 162

[3] . ***Sistema de bombagem de água alimentado por energia solar para o abeberamento do gado*** (Agriculture and Agri-food Canada).

[4] Mike Morris e Vicki, ***Solar powered livestock watering systems:*** NCAT Agricultural Energy Specialists, outubro de 2002, pp. 3,

[5] . Gray Davis, Governador, ***A guide to photovoltaic PV system design and installation***: (Comissão de Energia da Califórnia): San Ramon, Califórnia 94583, JUNHO 2001 500-01-020: pp (31, 32, 33).

[6] Michael J. Buschermohle, Robert T. Burns, ***Solar powered livestock watering systems,*** http://www.utextension.utk.edu/, Instituto de Agricultura da Universidade do Tennessee, Departamento de Agricultura dos EUA, 8 de maio e 30 de junho de 1914.

[7] N. Argaw R. Foster e A. Ellis: ***Energia renovável para aplicações de bombeamento de água em aldeias rurais***: 1 de abril de 2001 a 1 de setembro de 2001: Universidade Estatal do Novo México Las Cruces,

Novo México. pp 32

[8] .Ethio. Grupo de Recursos com Parceiros: ***Centro de Desenvolvimento e Promoção da Energia Rural da Etiópia:*** Utilização de energia solar e eólica e cenários de desenvolvimento de projectos. outubro de 2007.pp 8-16, 8-17.

[9] . Sistemas de bombagem de água alimentados por energia solar para o abeberamento do gado

Apêndice 1

Guia para os consumidores - Instalação de sistemas solares fotovoltaicos

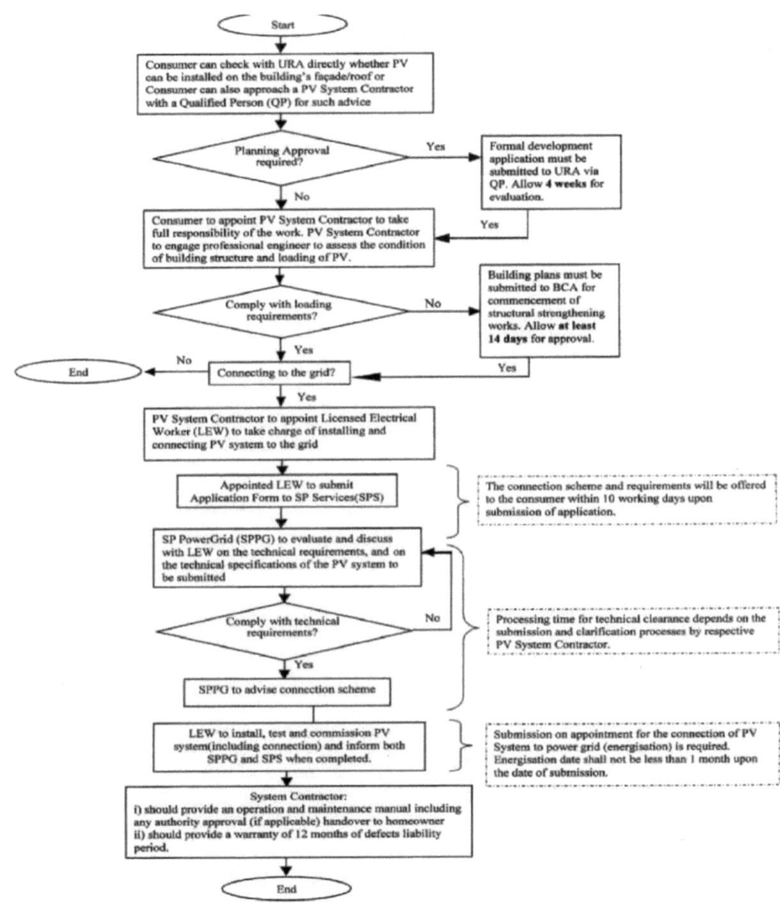

Apêndice 2

Tabela de tamanho exato de 12 V - para dimensionar o fio para vários aparelhos ou para ligar painéis solares

Appliance load or panel Wp		Distance between battery and appliance (m)														
		1	2	3	4	5	6	7	8	9	10	11	12	13	14	15
Wp or W	A	Exact wire size for no more than a 0.5 V voltage drop (mm²)														
6	0.5	0.04	0.08	0.12	0.16	0.20	0.24	0.28	0.32	0.36	0.40	0.44	0.48	0.52	0.56	0.60
10	0.8	0.07	0.13	0.20	0.27	0.33	0.40	0.47	0.53	0.60	0.67	0.73	0.80	0.87	0.93	1.00
12	1.0	0.08	0.16	0.24	0.32	0.40	0.48	0.56	0.64	0.72	0.80	0.88	0.96	1.04	1.12	1.20
13	1.1	0.09	0.17	0.26	0.35	0.43	0.52	0.61	0.69	0.78	0.87	0.95	1.04	1.13	1.21	1.30
15	1.3	0.10	0.20	0.30	0.40	0.50	0.60	0.70	0.80	0.90	1.00	1.10	1.20	1.30	1.40	1.50
18	1.5	0.12	0.24	0.36	0.48	0.60	0.72	0.84	0.96	1.08	1.20	1.32	1.44	1.56	1.68	1.80
20	1.7	0.13	0.27	0.40	0.53	0.67	0.80	0.93	1.07	1.20	1.33	1.47	1.60	1.73	1.87	2.00
22	1.8	0.15	0.29	0.44	0.59	0.73	0.88	1.03	1.17	1.32	1.47	1.61	1.76	1.91	2.05	2.20
24	2.0	0.16	0.32	0.48	0.64	0.80	0.96	1.12	1.28	1.44	1.60	1.76	1.92	2.08	2.24	2.40
28	2.3	0.19	0.37	0.56	0.75	0.93	1.12	1.31	1.49	1.68	1.87	2.05	2.24	2.43	2.61	2.80
30	2.5	0.20	0.40	0.60	0.80	1.00	1.20	1.40	1.60	1.80	2.00	2.20	2.40	2.60	2.80	3.00
32	2.7	0.21	0.43	0.64	0.85	1.07	1.28	1.49	1.71	1.92	2.13	2.35	2.56	2.77	2.99	3.20
34	2.8	0.23	0.45	0.68	0.91	1.13	1.36	1.59	1.81	2.04	2.27	2.49	2.72	2.95	3.17	3.40
36	3.0	0.24	0.48	0.72	0.96	1.20	1.44	1.68	1.92	2.16	2.40	2.64	2.88	3.12	3.36	3.60
38	3.2	0.25	0.51	0.76	1.01	1.27	1.52	1.77	2.03	2.28	2.53	2.79	3.04	3.29	3.55	3.80
40	3.3	0.27	0.53	0.80	1.07	1.33	1.60	1.87	2.13	2.40	2.67	2.93	3.20	3.47	3.73	4.00
45	3.8	0.30	0.60	0.90	1.20	1.50	1.80	2.10	2.40	2.70	3.00	3.30	3.60	3.90	4.20	4.50
50	4.2	0.33	0.67	1.00	1.33	1.67	2.00	2.33	2.67	3.00	3.33	3.67	4.00	4.33	4.67	5.00
55	4.6	0.37	0.73	1.10	1.47	1.83	2.20	2.57	2.93	3.30	3.67	4.03	4.40	4.77	5.13	5.50
60	5.0	0.40	0.80	1.20	1.60	2.00	2.40	2.80	3.20	3.60	4.00	4.40	4.80	5.20	5.60	6.00
65	5.4	0.43	0.87	1.30	1.73	2.17	2.60	3.03	3.47	3.90	4.33	4.77	5.20	5.63	6.07	6.50
70	5.8	0.47	0.93	1.40	1.87	2.33	2.80	3.27	3.73	4.20	4.67	5.13	5.60	6.07	6.53	7.00
75	6.3	0.50	1.00	1.50	2.00	2.50	3.00	3.50	4.00	4.50	5.00	5.50	6.00	6.50	7.00	7.50
80	6.7	0.53	1.07	1.60	2.13	2.67	3.20	3.73	4.27	4.80	5.33	5.87	6.40	6.93	7.47	8.00
85	7.1	0.57	1.13	1.70	2.27	2.83	3.40	3.97	4.53	5.10	5.67	6.23	6.80	7.37	7.93	8.50
90	7.5	0.60	1.20	1.80	2.40	3.00	3.60	4.20	4.80	5.40	6.00	6.60	7.20	7.80	8.40	9.00
100	8.3	0.67	1.33	2.00	2.67	3.33	4.00	4.67	5.33	6.00	6.67	7.33	8.00	8.67	9.33	10.00
110	9.2	0.73	1.47	2.20	2.93	3.67	4.40	5.13	5.87	6.60	7.33	8.07	8.80	9.53	10.27	11.00
120	10.0	0.80	1.60	2.40	3.20	4.00	4.80	5.60	6.40	7.20	8.00	8.80	9.60	10.40	11.20	12.00
130	10.8	0.87	1.73	2.60	3.47	4.33	5.20	6.07	6.93	7.80	8.67	9.53	10.40	11.27	12.13	13.00
140	11.7	0.93	1.87	2.80	3.73	4.67	5.60	6.53	7.47	8.40	9.33	10.27	11.20	12.13	13.07	14.00
150	12.5	1.00	2.00	3.00	4.00	5.00	6.00	7.00	8.00	9.00	10.00	11.00	12.00	13.00	14.00	15.00
160	13.3	1.07	2.13	3.20	4.27	5.33	6.40	7.47	8.53	9.60	10.67	11.73	12.80	13.87	14.93	16.00
170	14.2	1.13	2.27	3.40	4.53	5.67	6.80	7.93	9.07	10.20	11.33	12.47	13.60	14.73	15.87	17.00
180	15.0	1.20	2.40	3.60	4.80	6.00	7.20	8.40	9.60	10.80	12.00	13.20	14.40	15.60	16.80	18.00
190	15.8	1.27	2.53	3.80	5.07	6.33	7.60	8.87	10.13	11.40	12.67	13.93	15.20	16.47	17.73	19.00
200	16.7	1.33	2.67	4.00	5.33	6.67	8.00	9.33	10.67	12.00	13.33	14.67	16.00	17.33	18.67	20.00
220	18.3	1.47	2.93	4.40	5.87	7.33	8.80	10.27	11.73	13.20	14.67	16.13	17.60	19.07	20.53	22.00
240	20.0	1.60	3.20	4.80	6.40	8.00	9.60	11.20	12.80	14.40	16.00	17.60	19.20	20.80	22.40	24.00
260	21.7	1.73	3.47	5.20	6.93	8.67	10.40	12.13	13.87	15.60	17.33	19.07	20.80	22.53	24.27	26.00
280	23.3	1.87	3.73	5.60	7.47	9.33	11.20	13.07	14.93	16.80	18.67	20.53	22.40	24.27	26.13	28.00
300	25.0	2.00	4.00	6.00	8.00	10.00	12.00	14.00	16.00	18.00	20.00	22.00	24.00	26.00	28.00	30.00

Para painéis de ligação: Introduzir a tabela utilizando a capacidade total do painel de Wp como carga de watts. Por exemplo, para um painel único com capacidade de 75 Wp, vá para a linha de 75 W. Se a capacidade exacta não for apresentada, utilize a linha maior seguinte (80 W).

Para um conjunto de painéis de 42 Wp, utilize a linha para 45 W, e assim por diante.

IMPORTANTE: Se o aparelho a ligar tiver um motor (frigorífico, congelador, bomba, etc.) que arranque em carga, o tamanho do fio indicado na tabela deve ser duplicado. Os motores das ventoinhas não arrancam em carga, pelo que não é necessário um fio maior.

Esta tabela destina-se principalmente a circuitos com vários aparelhos num só fio. Para encontrar o tamanho do fio para cada aparelho, siga estes passos:

1) Encontre os watts necessários para cada aparelho e a distância ao longo do percurso do fio desde a bateria até cada aparelho.
2) Utilize a tabela para encontrar o tamanho mínimo do fio para cada aparelho.
3) O fio da bateria ao primeiro aparelho não deve ser mais pequeno do que a soma das dimensões dos fios de todos os aparelhos.
4) O fio do primeiro aparelho para o segundo não deve ser menor do que a soma das dimensões dos fios para o segundo aparelho e para os aparelhos posteriores.
5) O fio do segundo aparelho para o terceiro não deve ser menor do que a soma das dimensões dos fios para o terceiro aparelho e para os aparelhos posteriores.

Tabela de dimensionamento de fios de 12 V - fio padrão (métrico)

Load		Distance between battery and load (m)																			
		1	2	3	4	5	6	7	8	9	10	11	12	13	14	15	16	17	18	19	20
W	A	Standard size wire needed (mm²)																			
6	0.5	2.5	2.5	2.5	2.5	2.5	2.5	2.5	2.5	2.5	2.5	2.5	2.5	2.5	2.5	2.5	2.5	2.5	2.5	2.5	2.5
10	0.8	2.5	2.5	2.5	2.5	2.5	2.5	2.5	2.5	2.5	2.5	2.5	2.5	2.5	2.5	2.5	2.5	2.5	2.5	2.5	2.5
12	1.0	2.5	2.5	2.5	2.5	2.5	2.5	2.5	2.5	2.5	2.5	2.5	2.5	2.5	2.5	2.5	2.5	2.5	2.5	2.5	2.5
13	1.1	2.5	2.5	2.5	2.5	2.5	2.5	2.5	2.5	2.5	2.5	2.5	2.5	2.5	2.5	2.5	2.5	2.5	2.5	2.5	2.5
15	1.3	2.5	2.5	2.5	2.5	2.5	2.5	2.5	2.5	2.5	2.5	2.5	2.5	2.5	2.5	2.5	2.5	2.5	2.5	2.5	2.5
18	1.5	2.5	2.5	2.5	2.5	2.5	2.5	2.5	2.5	2.5	2.5	2.5	2.5	2.5	2.5	2.5	2.5	2.5	2.5	2.5	2.5
20	1.7	2.5	2.5	2.5	2.5	2.5	2.5	2.5	2.5	2.5	2.5	2.5	2.5	2.5	2.5	2.5	2.5	2.5	2.5	4	4
22	1.8	2.5	2.5	2.5	2.5	2.5	2.5	2.5	2.5	2.5	2.5	2.5	2.5	2.5	2.5	2.5	2.5	2.5	4	4	4
24	2.0	2.5	2.5	2.5	2.5	2.5	2.5	2.5	2.5	2.5	2.5	2.5	2.5	2.5	2.5	2.5	4	4	4	4	4
28	2.3	2.5	2.5	2.5	2.5	2.5	2.5	2.5	2.5	2.5	2.5	2.5	2.5	2.5	4	4	4	4	4	4	4
30	2.5	2.5	2.5	2.5	2.5	2.5	2.5	2.5	2.5	2.5	2.5	2.5	2.5	4	4	4	4	4	4	4	4
32	2.7	2.5	2.5	2.5	2.5	2.5	2.5	2.5	2.5	2.5	2.5	2.5	4	4	4	4	4	4	4	6	6
34	2.8	2.5	2.5	2.5	2.5	2.5	2.5	2.5	2.5	2.5	2.5	2.5	4	4	4	4	4	4	6	6	6
36	3.0	2.5	2.5	2.5	2.5	2.5	2.5	2.5	2.5	2.5	2.5	4	4	4	4	4	4	6	6	6	6
38	3.2	2.5	2.5	2.5	2.5	2.5	2.5	2.5	2.5	2.5	4	4	4	4	4	4	6	6	6	6	6
40	3.3	2.5	2.5	2.5	2.5	2.5	2.5	2.5	2.5	2.5	4	4	4	4	4	4	6	6	6	6	6
45	3.8	2.5	2.5	2.5	2.5	2.5	2.5	2.5	2.5	4	4	4	4	4	6	6	6	6	6	6	6
48	4.0	2.5	2.5	2.5	2.5	2.5	2.5	2.5	4	4	4	4	4	6	6	6	6	6	6	8	8
50	4.2	2.5	2.5	2.5	2.5	2.5	2.5	2.5	4	4	4	4	4	6	6	6	6	6	6	8	8
55	4.6	2.5	2.5	2.5	2.5	2.5	2.5	4	4	4	4	6	6	6	6	6	6	8	8	8	8
60	5.0	2.5	2.5	2.5	2.5	2.5	2.5	4	4	4	4	6	6	6	6	6	8	8	8	8	8
65	5.4	2.5	2.5	2.5	2.5	2.5	4	4	4	4	6	6	6	6	8	8	8	8	8	10	10
70	5.8	2.5	2.5	2.5	2.5	2.5	4	4	4	6	6	6	6	8	8	8	8	8	10	10	10
72	6.0	2.5	2.5	2.5	2.5	2.5	4	4	4	6	6	6	6	8	8	8	8	10	10	10	10
75	6.3	2.5	2.5	2.5	2.5	2.5	4	4	4	6	6	6	6	8	8	8	8	10	10	10	10
80	6.7	2.5	2.5	2.5	2.5	4	4	4	6	6	6	6	8	8	8	8	10	10	10	12	12
84	7.0	2.5	2.5	2.5	2.5	4	4	4	6	6	6	8	8	8	8	10	10	10	12	12	12
85	7.1	2.5	2.5	2.5	2.5	4	4	4	6	6	6	8	8	8	8	10	10	10	12	12	12
90	7.5	2.5	2.5	2.5	2.5	4	4	6	6	6	6	8	8	8	10	10	10	12	12	12	12
96	8.0	2.5	2.5	2.5	4	4	4	6	6	6	8	8	8	10	10	10	12	12	12	14	14
100	8.3	2.5	2.5	2.5	4	4	4	6	6	6	8	8	8	10	10	10	12	12	12	14	14
108	9.0	2.5	2.5	2.5	4	4	6	6	6	8	8	8	10	10	12	12	12	14	14	14	16
110	9.2	2.5	2.5	2.5	4	4	6	6	6	8	8	10	10	10	12	12	12	14	14	14	16
120	10.0	2.5	2.5	2.5	4	4	6	6	8	8	8	10	10	12	12	12	14	14	16	16	16
130	10.8	2.5	2.5	4	4	6	6	8	8	8	10	10	12	12	14	14	14	16	16	18	18
140	11.7	2.5	2.5	4	4	6	6	8	8	10	10	12	12	14	14	14	16	16	18	18	20
150	12.5	2.5	2.5	4	4	6	6	8	8	10	10	12	12	14	14	16	16	18	18	20	20
160	13.3	2.5	2.5	4	6	6	8	8	10	10	12	12	14	14	16	16	18	20	20	22	22
170	14.2	2.5	2.5	4	6	6	8	8	10	12	12	14	14	16	16	18	20	20	22	22	24
180	15.0	2.5	2.5	4	6	6	8	10	10	12	12	14	16	16	18	18	20	22	22	24	24
190	15.8	2.5	4	4	6	8	8	10	12	12	14	14	16	18	18	20	22	22	24	26	26
200	16.7	2.5	4	4	6	8	8	10	12	12	14	16	16	18	20	20	22	24	24	26	28
220	18.3	2.5	4	6	6	8	10	12	12	14	16	18	18	20	22	22	24	26	28	28	30
240	20.0	2.5	4	6	8	8	10	12	14	16	16	18	20	22	24	24	26	28	30	32	32
260	21.7	2.5	4	6	8	10	12	14	14	16	18	20	22	24	26	26	28	30	32	32	32
280	23.3	2.5	4	6	8	10	12	14	16	18	20	22	24	26	28	28	30	32	32	32	32
300	25.0	2.5	4	6	8	10	12	14	16	18	20	22	24	26	28	30	32	32	32	32	32

IMPORTANT: If the appliance to be connected has a motor (refrigerator, freezer, pump, etc.) so starts under load, use the row showing double the watts of the appliance. For example, if a refrigerator requires 60 W, use the 120 W row. Ceiling fans and desk fans do not need larger wire because their motors do not start under load.

This table can be used for panels by entering the total Wp in the watts column, but it is better to use the exact size table.

Tabela de tamanho exato de 24 V - para dimensionar o fio para vários aparelhos ou para ligar painéis solares

Appliance load or panel Wp		Distance between battery and appliance (m)														
		1	2	3	4	5	6	7	8	9	10	11	12	13	14	15
Wp or W	A	Exact wire size for a 1 V voltage drop (mm²)														
10	0.4	0.02	0.03	0.05	0.07	0.08	0.10	0.12	0.13	0.15	0.17	0.18	0.20	0.22	0.23	0.25
20	0.8	0.03	0.07	0.10	0.13	0.17	0.20	0.23	0.27	0.30	0.33	0.37	0.40	0.43	0.47	0.50
30	1.3	0.05	0.10	0.15	0.20	0.25	0.30	0.35	0.40	0.45	0.50	0.55	0.60	0.65	0.70	0.75
40	1.7	0.07	0.13	0.20	0.27	0.33	0.40	0.47	0.53	0.60	0.67	0.73	0.80	0.87	0.93	1.00
50	2.1	0.08	0.17	0.25	0.33	0.42	0.50	0.58	0.67	0.75	0.83	0.92	1.00	1.08	1.17	1.25
60	2.5	0.10	0.20	0.30	0.40	0.50	0.60	0.70	0.80	0.90	1.00	1.10	1.20	1.30	1.40	1.50
70	2.9	0.12	0.23	0.35	0.47	0.58	0.70	0.82	0.93	1.05	1.17	1.28	1.40	1.52	1.63	1.75
80	3.3	0.13	0.27	0.40	0.53	0.67	0.80	0.93	1.07	1.20	1.33	1.47	1.60	1.73	1.87	2.00
90	3.8	0.15	0.30	0.45	0.60	0.75	0.90	1.05	1.20	1.35	1.50	1.65	1.80	1.95	2.10	2.25
100	4.2	0.17	0.33	0.50	0.67	0.83	1.00	1.17	1.33	1.50	1.67	1.83	2.00	2.17	2.33	2.50
120	5.0	0.20	0.40	0.60	0.80	1.00	1.20	1.40	1.60	1.80	2.00	2.20	2.40	2.60	2.80	3.00
140	5.8	0.23	0.47	0.70	0.93	1.17	1.40	1.63	1.87	2.10	2.33	2.57	2.80	3.03	3.27	3.50
160	6.7	0.27	0.53	0.80	1.07	1.33	1.60	1.87	2.13	2.40	2.67	2.93	3.20	3.47	3.73	4.00
180	7.5	0.30	0.60	0.90	1.20	1.50	1.80	2.10	2.40	2.70	3.00	3.30	3.60	3.90	4.20	4.50
200	8.3	0.33	0.67	1.00	1.33	1.67	2.00	2.33	2.67	3.00	3.33	3.67	4.00	4.33	4.67	5.00
220	9.2	0.37	0.73	1.10	1.47	1.83	2.20	2.57	2.93	3.30	3.67	4.03	4.40	4.77	5.13	5.50
240	10.0	0.40	0.80	1.20	1.60	2.00	2.40	2.80	3.20	3.60	4.00	4.40	4.80	5.20	5.60	6.00
260	10.8	0.43	0.87	1.30	1.73	2.17	2.60	3.03	3.47	3.90	4.33	4.77	5.20	5.63	6.07	6.50
280	11.7	0.47	0.93	1.40	1.87	2.33	2.80	3.27	3.73	4.20	4.67	5.13	5.60	6.07	6.53	7.00
300	12.5	0.50	1.00	1.50	2.00	2.50	3.00	3.50	4.00	4.50	5.00	5.50	6.00	6.50	7.00	7.50
325	13.5	0.54	1.08	1.63	2.17	2.71	3.25	3.79	4.33	4.88	5.42	5.96	6.50	7.04	7.58	8.13
350	14.6	0.58	1.17	1.75	2.33	2.92	3.50	4.08	4.67	5.25	5.83	6.42	7.00	7.58	8.17	8.75
375	15.6	0.63	1.25	1.88	2.50	3.13	3.75	4.38	5.00	5.63	6.25	6.88	7.50	8.13	8.75	9.38
400	16.7	0.67	1.33	2.00	2.67	3.33	4.00	4.67	5.33	6.00	6.67	7.33	8.00	8.67	9.33	10.00
450	18.8	0.75	1.50	2.25	3.00	3.75	4.50	5.25	6.00	6.75	7.50	8.25	9.00	9.75	10.50	11.25
500	20.8	0.83	1.67	2.50	3.33	4.17	5.00	5.83	6.67	7.50	8.33	9.17	10.00	10.83	11.67	12.50
550	22.9	0.92	1.83	2.75	3.67	4.58	5.50	6.42	7.33	8.25	9.17	10.08	11.00	11.92	12.83	13.75
600	25.0	1.00	2.00	3.00	4.00	5.00	6.00	7.00	8.00	9.00	10.00	11.00	12.00	13.00	14.00	15.00
650	27.1	1.08	2.17	3.25	4.33	5.42	6.50	7.58	8.67	9.75	10.83	11.92	13.00	14.08	15.17	16.25
700	29.2	1.17	2.33	3.50	4.67	5.83	7.00	8.17	9.33	10.50	11.67	12.83	14.00	15.17	16.33	17.50
750	31.3	1.25	2.50	3.75	5.00	6.25	7.50	8.75	10.00	11.25	12.50	13.75	15.00	16.25	17.50	18.75
800	33.3	1.33	2.67	4.00	5.33	6.67	8.00	9.33	10.67	12.00	13.33	14.67	16.00	17.33	18.67	20.00
850	35.4	1.42	2.83	4.25	5.67	7.08	8.50	9.92	11.33	12.75	14.17	15.58	17.00	18.42	19.83	21.25
900	37.5	1.50	3.00	4.50	6.00	7.50	9.00	10.50	12.00	13.50	15.00	16.50	18.00	19.50	21.00	22.50
950	39.6	1.58	3.17	4.75	6.33	7.92	9.50	11.08	12.67	14.25	15.83	17.42	19.00	20.58	22.17	23.75
1000	41.7	1.67	3.33	5.00	6.67	8.33	10.00	11.67	13.33	15.00	16.67	18.33	20.00	21.67	23.33	25.00
1100	45.8	1.83	3.67	5.50	7.33	9.17	11.00	12.83	14.67	16.50	18.33	20.17	22.00	23.83	25.67	27.50
1200	50.0	2.00	4.00	6.00	8.00	10.00	12.00	14.00	16.00	18.00	20.00	22.00	24.00	26.00	28.00	30.00
1300	54.2	2.17	4.33	6.50	8.67	10.83	13.00	15.17	17.33	19.50	21.67	23.83	26.00	28.17	30.33	32.50
1400	58.3	2.33	4.67	7.00	9.33	11.67	14.00	16.33	18.67	21.00	23.33	25.67	28.00	30.33	32.67	35.00
1500	62.5	2.50	5.00	7.50	10.00	12.50	15.00	17.50	20.00	22.50	25.00	27.50	30.00	32.50	35.00	37.50

Para painéis de ligação: Introduzir a tabela utilizando a capacidade total do painel de Wp como carga de watts. Por exemplo, para um painel único com capacidade de 75 Wp, vá para a linha de 75 W. Se a capacidade exacta não for apresentada, utilize a linha maior seguinte (80 W).

Para um conjunto de painéis de 250 Wp, utilize a linha para 260 W, e assim por diante.

IMPORTANTE: Se o aparelho a ligar tiver um motor (frigorífico, congelador, bomba, etc.) que arranque em carga, o tamanho do fio indicado na tabela deve ser duplicado. Os motores das ventoinhas não arrancam em carga, pelo que não é necessário um fio maior.

Esta tabela destina-se a circuitos com vários aparelhos num só fio. Para encontrar o tamanho do fio para cada aparelho, siga estes passos:

1) Encontre os watts necessários para cada aparelho e a distância ao longo do percurso do fio desde a bateria até cada aparelho.

2) Utilize a tabela para encontrar o tamanho mínimo do fio para cada aparelho.

3) O fio da bateria ao primeiro aparelho não deve ser mais pequeno do que a soma das dimensões dos fios de todos os aparelhos.

4) O fio do primeiro aparelho para o segundo não deve ser menor do que a soma das dimensões dos fios para o segundo aparelho e para os aparelhos posteriores.

5) O fio do segundo aparelho para o terceiro não deve ser menor do que a soma das dimensões dos fios para o terceiro aparelho e para os aparelhos posteriores.

Tabela de dimensionamento de fios de 24 V - fio padrão (métrico)

Load		Distance between battery and load (m)																			
		1	2	3	4	5	6	7	8	9	10	11	12	13	14	15	16	17	18	19	20
W	A	Standard size wire needed (mm²)																			
Under 100	Under 4.2	2.5	2.5	2.5	2.5	2.5	2.5	2.5	2.5	2.5	2.5	2.5	2.5	2.5	2.5	2.5	3.5	4.5	5.5	6.5	7.5
100	4.2	2.5	2.5	2.5	2.5	2.5	2.5	2.5	2.5	2.5	2.5	2.5	2.5	2.5	2.5	2.5	4	4	4	4	4
110	4.6	2.5	2.5	2.5	2.5	2.5	2.5	2.5	2.5	2.5	2.5	2.5	2.5	2.5	4	4	4	4	4	4	4
120	5.0	2.5	2.5	2.5	2.5	2.5	2.5	2.5	2.5	2.5	2.5	2.5	2.5	4	4	4	4	4	4	4	4
130	5.4	2.5	2.5	2.5	2.5	2.5	2.5	2.5	2.5	2.5	2.5	2.5	4	4	4	4	4	4	4	6	6
140	5.8	2.5	2.5	2.5	2.5	2.5	2.5	2.5	2.5	2.5	2.5	4	4	4	4	4	4	4	6	6	6
150	6.3	2.5	2.5	2.5	2.5	2.5	2.5	2.5	2.5	2.5	2.5	4	4	4	4	4	4	6	6	6	6
160	6.7	2.5	2.5	2.5	2.5	2.5	2.5	2.5	2.5	2.5	4	4	4	4	4	4	6	6	6	6	6
170	7.1	2.5	2.5	2.5	2.5	2.5	2.5	2.5	2.5	4	4	4	4	4	4	6	6	6	6	6	6
180	7.5	2.5	2.5	2.5	2.5	2.5	2.5	2.5	2.5	4	4	4	4	4	6	6	6	6	6	6	6
190	7.9	2.5	2.5	2.5	2.5	2.5	2.5	2.5	4	4	4	4	4	6	6	6	6	6	6	8	8
200	8.3	2.5	2.5	2.5	2.5	2.5	2.5	2.5	4	4	4	4	4	6	6	6	6	6	6	8	8
220	9.2	2.5	2.5	2.5	2.5	2.5	2.5	4	4	4	4	6	6	6	6	6	6	8	8	8	8
240	10.0	2.5	2.5	2.5	2.5	2.5	2.5	4	4	4	4	6	6	6	6	6	8	8	8	8	8
260	10.8	2.5	2.5	2.5	2.5	2.5	4	4	4	4	6	6	6	6	8	8	8	8	8	10	10
280	11.7	2.5	2.5	2.5	2.5	2.5	4	4	4	6	6	6	6	8	8	8	8	8	10	10	10
300	12.5	2.5	2.5	2.5	2.5	2.5	4	4	4	6	6	6	6	8	8	8	8	10	10	10	10
350	14.6	2.5	2.5	2.5	2.5	4	4	6	6	6	6	8	8	8	10	10	10	10	12	12	12
400	16.7	2.5	2.5	2.5	4	4	4	6	6	6	8	8	8	10	10	10	12	12	12	14	14
450	18.8	2.5	2.5	2.5	4	4	6	6	6	8	8	10	10	10	12	12	12	14	14	16	16
500	20.8	2.5	2.5	2.5	4	6	6	6	8	8	10	10	10	12	12	14	14	16	16	16	18
550	22.9	2.5	2.5	4	4	6	6	8	8	10	10	12	12	12	14	14	16	16	18	18	20
600	25.0	2.5	2.5	4	4	6	6	8	8	10	10	12	12	14	14	16	16	18	18	20	20
650	27.1	2.5	2.5	4	6	6	8	8	10	10	12	12	14	16	16	18	18	20	20	22	22
700	29.2	2.5	2.5	4	6	6	8	10	10	12	12	14	14	16	18	18	20	20	22	24	24
750	31.3	2.5	2.5	4	6	8	8	10	10	12	14	14	16	18	18	20	20	22	24	24	26
800	33.3	2.5	4	4	6	8	8	10	12	12	14	16	16	18	20	20	22	24	24	26	28
850	35.4	2.5	4	6	6	8	10	10	12	14	16	16	18	20	20	22	24	26	26	28	30
900	37.5	2.5	4	6	6	8	10	12	12	14	16	18	18	20	22	24	24	26	28	30	30
950	39.6	2.5	4	6	8	8	10	12	14	16	16	18	20	22	24	24	26	28	30	32	32
1000	41.7	2.5	4	6	8	10	10	12	14	16	18	20	20	22	24	26	28	30	30	32	32

IMPORTANT: If the appliance to be connected has a motor (refrigerator, freezer, pump, etc.) so starts under load, use the row showing double the watts of the appliance. For example, if a refrigerator requires 60 W, use the 120 W row. Ceiling fans and desk fans do not need larger wire because their motors do not start under load.

This table can be used for panels by entering the total Wp in the watts column, but it is better to use the exact size table.

Glossário

alternating current (ac)	current constantly changes direction
Ampere (A)	electrical flow rate (intensity or current)
ampere-hour (Ah)	amperes times hours, a measure of electrical volume
battery	a cell or group of cells used to store electricity
charge	fill a battery with electricity by passing a current through it
circuit-breaker	switch that automatically interrupts an electrical circuit when something goes wrong
compressor	device that raises the pressure of a gas
condenser	device that converts gas into liquid
conductor	material that lets an electric current flow through it easily (the opposite of an insulator)
controller	electrical valve to control the amount of electricity going into or out of a battery
Coulomb (C)	electrical volume
current	flow of electricity, measured in amperes (A)
direct current (dc)	current always flows in one direction
discharge	release electrical energy from a battery
electrical load	measure of power needed by an appliance or group of appliances, in watts (W)
electrolyte	liquid used in storage batteries
energy	amount of work done, measured in watt-hours
evaporator	device that converts liquid into gas
fluorescent light	lamp that gives cold light from glowing material inside the tube
fuse	safety device that melts to interrupt an electrical circuit if it is overloaded

gauge	measuring instrument
Hertz (Hz)	measure of frequency of alternating current
hydrometer	instrument for measuring the weight of a liquid compared with water
incandescent light	lamp that gives light when the thin wire inside is heated by an electric current
insulator	material that does not let an electric current flow through it easily (the opposite of a conductor)
inverter	device to convert direct current into alternating current
kilogram (kg)	measure of weight or mass
kilowatt-hour (kWh)	1 kWh = 1000 Wh (see *watt-hour*)
litre (l or L)	measure of volume (liquid)
metre (m) *centimetre* (cm) *millimetre* (mm)	measures of length
ohm (Ω)	electrical resistance to flow
parallel	joining components in an electrical circuit so that each component is on a different branch of the circuit with no current flow in common
peak watts (Wp)	watts of power that solar panels will produce under optimum conditions of strong sun and cool temperatures (the greatest amount that can be produced by a panel)
photovoltaic (PV)	process that uses sunlight to make electricity
power (W)	ability to do work
pressure	force
refrigerant	material that circulates inside a refrigerator to move heat from inside the refrigerator to the outside air
semiconductor	material that lets an electric current flow through it less easily than a conductor, but more easily than an insulator (used to make transistors)
series	joining components in an electrical circuit so that the whole current passes through each component without branching
short-circuit	faulty or accidental connection in an electrical circuit
square centimetre (cm^2) *square millimetre* (mm^2)	measures of area
transistor	device to control the flow of electricity
Volt (V)	electrical pressure (electromotive force)
volume	measure of the amount of space occupied by something
Watt (W)	electrical power
watt-hour (Wh)	watts times hours, a measure of energy

Printed by Books on Demand GmbH, Norderstedt / Germany